DIE TALSPERREN ÖSTERREICHS

AF004861

*Dipl. Ing. Dr. techn. Helmut Flögl
Der Einfluß des Kriechens und
der Elastizitätsänderung des Betons
auf den Spannungszustand
von Gewölbesperren*

WIEN 1954 IM SELBSTVERLAG DES
ÖSTERREICHISCHEN WASSERWIRTSCHAFTSVERBANDES

ISBN 978-3-211-80354-7   ISBN 978-3-7091-5759-6 (eBook)
DOI 10.1007/978-3-7091-5759-6

DER EINFLUSS DES KRIECHENS UND DER ELASTIZITÄTSÄNDERUNG DES BETONS AUF DEN SPANNUNGSZUSTAND VON GEWÖLBESPERREN.

von Dipl. Ing. Dr. techn. Helmut Flögl, LINZ.

<u>Übersicht</u>: Das Kriechen und die zeitbedingte Elastizitätsänderung des Betons bewirken in Gewölbesperren Spannungsumlagerungen, die vom Altersunterschied des Betons in den oberen und unteren Bauwerksteilen ausschlaggebend beeinflusst werden. Die Ermittlung der Spannungsänderungen und Verformungen erfolgt in der vorliegenden Arbeit analog dem Lastenaufteilungsverfahren, wobei die gebräuchlichen Form - und Belastungszahlen des Bogenkragträgersystems durch die "erweiterten Formzahlen" und "zeitveränderlichen Belastungszahlen", die das Kriechen und die Elastizitätsänderung des Betons berücksichtigen, ersetzt werden. Bei durchaus genügender Genauigkeit ist damit ein verhältnismässig einfaches Verfahren zur Ermittlung des Einflusses der zeitveränderlichen Betonverformbarkeit gegeben. Die Ergebnisse eines durchgerechneten Beispieles bieten einen Überblick über die tatsächlichen Auswirkungen, wobei einzelne Verformungen mit Beobachtungen am ausgeführten Bauwerk verglichen werden.

1. Einleitung

Bei der Berechnung von Gewölbesperren wird allgemein ein homogenes und isotropes Verhalten des Betons im Bauwerk angenommen.[1,2] Damit wäre der Elastizitätsmodul zeitunabhängig und in allen Bauwerksteilen gleich gross. Es ist aber naheliegend, dass auch das Kriechen - dessen Berücksichtigung z.B. beim Spannbeton heute bereits allgemein üblich ist - einen Einfluss ausübt,[3,4] besonders im Hinblick auf die bedeutenden Altersunterschiede, die der Sperrenbeton stets aufweist. Diese Altersunterschiede haben ausserdem ein ungleiches elastisches Verhalten zur Folge, welches ebenfalls zeitabhängig ist und berücksichtigt werden muss.

Erwähnt sei noch, dass auch die in dicken Platten durch die unterschiedlichen Kern- und Randtemperaturen entstehenden Spannungen durch das Kriechen weitgehend geändert werden, was beim Abklingen der Abbindetemperatur bis zur Spannungsumkehrung gegenüber den Spannungen bei der Annahme eines konstanten E-Moduls führen kann.[5,6,7] Es soll aber dieser sehr beachtliche Einfluss des Kriechens im Weiteren nicht behandelt werden.

Entsprechend dem heute zur Berechnung von Gewölbesperren meist angewandten Lastaufteilungsverfahren [1,2,8,9] zerlegen wir, dem Ritterschen [10] Gedanken folgend, das Gewölbe in ein System von horizontalen Bögen und lotrechten Kragträgern und belasten die Bögen in der Hauptsache mit der Wasserlast und den Temperaturänderungen, während auf die Kragträger das Eigengewicht, sowie die luft- und wasserseitigen Temperaturdifferenzen einwirken. Bögen und Kragträger erleiden dadurch unterschiedliche, zeitabhängige Verformungen, die von ihrer Elastizität, vom Betonalter im Belastungszeitpunkt und von der Belastungsdauer abhängen, wobei wir annehmen, dass im gesamten Bauwerk Beton gleicher Zusammensetzung verwendet wird. Die Geschlossenheit des Bogenkragträgersystems wird bekanntlich durch entsprechende Übertragungskräfte in den Knotenpunkten der Bögen und Kragträger herbeigeführt, die im vorliegenden Fall zeitveränderlich sind.

Bedacht auf einen praktisch durchführbaren Rechenumfang, begrenzen wir bei den Belastungen unsere Betrachtungen auf die Wasserlast und die gleichmässigen Temperaturänderungen. Von den unberücksichtigten Belastungen haben die Spannungen infolge der Änderungen der Temperaturdifferenzen Luft-Wasserseite [2] sekundäre Bedeutung; sie wirken ausserdem auf den Kragträger stets entlastend. Der Kriecheinfluss dieser Belastung kann daher vernachlässigt werden. Er könnte aber analog den Überlegungen bei den anderen Lastfällen leicht entwickelt werden. Die Ermittlung des Kriecheinflusses infolge Eigengewicht ist nur bei stark überhängenden Kragträgern erforderlich.

Die Übertragungskräfte ermitteln wir für jeden Belastungsfall gesondert, da die einzelnen Belastungen verschiedenen Zeitfunktionen folgen.

Der Belastungsbeginn tritt bei der Wasserlast stets mit dem Staubeginn ein. Bei den Temperaturbewegungen ist der Fugenschluss, mit dem die Gewölbebögen aktiviert werden, maßgebend. Jede Sperrenberechnung, die das Kriechen miteinbezieht, muss von diesen Zeitpunkten ausgehen. Da der erste Anstau stets nach dem Fugenschluss erfolgen wird, lassen wir zweckmässiger Weise den Zeitnullpunkt ($t = 0$) mit der ersten Aktivierung des Gewölbes zusammenfallen.

Das Betonalter der einzelnen Bögen zu diesem Zeitpunkt wird von der Krone gegen die Sohle zu anwachsen. Wir bezeichnen es für die Bögen der Höhe a, b, c, d usw., mit t_a, t_b, t_c usw.

Altersunterschiede innerhalb der einzelnen Lamellen werden so gemittelt, dass die gleiche Kriechverformung, wie bei der Summe des Kriechens der altersunterschiedlichen Teilstücke eintritt.

2. Die Ermittlung der Übertragungskräfte.

Den später entwickelten Formeln entsprechend unterscheiden wir Belastungen, die in kurzen Zeiträumen entstehen und konstant bleiben, sowie Belastungen, die einer bestimmten Zeitfunktion folgen.

Zur ersten Belastungsgruppe zählen die Wasserlast und plötzlich auftretende, aber konstant bleibende Längenänderungen der Bögen, wie dies z. B. beim Vorspannen des Gewölbes eintritt. Bei der Wasserlast können geringere Stauschwankungen durch eine mittlere Stauhöhe und ein kürzer dauernder Anstau durch Festlegung eines mittleren Zeitpunktes für den Staubeginn genügend genau ersetzt werden. Grössere und länger andauernde Stauspiegeländerungen müssen abschnittsweise berechnet werden. Da aber für die max. Spannungen im Winter der konstante Vollstau massgebend ist, wird meist eine konstante Wasserlast anzunehmen sein.

Zur zweiten Gruppe zählen die Temperatur- und Schwindbelastungen, sowie als Sekundärbelastung, die Auswirkungen des Kriechens.

Bei der ersten Gruppe der Belastungen werden im Belastungszeitpunkt t_o die Übertragungskräfte X_{at_o}, X_{bt_o} ...., allgemein X_{it_o} auftreten, deren Ermittlung nach den bekannten Methoden der Elastizitätslehre [2][8], mit Beachtung der im Zeitpunkt t_o tatsächlich vorhandenen E-Moduli, erfolgen kann. Übertragungskräfte und äussere Last verformen infolge des Kriechens die Bögen und die Kragträger plastisch in verschiedenem Maße. Die Geschlossenheit des Systems bleibt durch das Auftreten neuer Übertragungskräfte erhalten, welche neuerlich unterschiedliche plastische Verformungen und damit weitere Übertragungskräfte nach jedem kleinsten Zeitabschnitt verursachen. Die Gesamtänderung der Übertragungskraft X_{it_o} vom Zeitpunkt t_o bis zum Zeitpunkt t bezeichnen wir mit X_{it}. Im Zeitpunkt t_o ist $X_{it} = 0$.

Bei der zweiten Gruppe, den Temperaturbewegungen, beginnen die Übertragungskräfte von 0 anzuwachsen; X_{it_o} ist daher Null. Die zeitveränderliche Übertragungskraft X_{it} wird in diesem Fall weniger von der unterschiedlichen Kriechverformung des Bogens und des Kragträgers, sondern durch die Temperaturverformung der Bögen bestimmt.

In beiden Fällen wachsen die zeitveränderlichen Übertragungskräfte X_{it_1} von Null im Zeitpunkt t_o zur unbekannten Grösse X_{it} im Zeitpunkt t an, wobei sie der unbekannten Zeitfunktion $f_i(t_1)$ folgen. Es ist daher in einem beliebigen Zeitpunkt t_1

$$X_{it_1} = X_{it} \cdot f_i(t_1) \qquad 1)$$

Von der unbekannten Zeitfunktion wissen wir, dass

$$f_i(t_o) = 0$$

und

$$f_i(t) = 1$$

ist.

Die von der zeitveränderlichen Übertragungskraft X_{it} am Bogen, bzw. Kragträger im Punkt k hervorgerufene Verformung beträgt

$$\int_{t_1=t_o}^{t_1=t} \frac{dX_{kt_1}}{dt_1} \cdot \delta_{ik}^{t_1 t}(t_1) \, dt_1 = X_{kt} \cdot \int_{t_1=t_o}^{t_1=t} \frac{df_k(t_1)}{dt_1} \cdot \delta_{ik}^{t_1 t}(t_1) \, dt_1 \qquad 2)$$

wobei $\delta_{ik}^{t_1 t}(t_1)$ die radiale Verschiebung des Bogenpunktes, bzw. Kragträgerpunktes k im Zeitpunkt t, infolge einer im Zeitpunkt t_1 wirksamen, im Punkt i angreifenden Kraft $X_{it_1} = 1$, ist und als "plastische Formzahl" bezeichnet werden soll. Ihre Ermittlung erfolgt im Abschnitt 4.

Wir bezeichnen weiters den unter dem bestimmten Integral stehenden Teil der rechten Seite der Gl. 2 als "erweiterte Formzahl". Sie ist die radiale Verschiebung des Bogen-, bzw. Kragträgerpunktes k im Zeitpunkt t, infolge der im Zeitpunkt t_o entstehenden und nach der Funktion $f_i(t_1)$ anwachsenden Kraft X_{it_1}, die im Zeitpunkt t die Grösse 1 erreicht. Wäre die Zeitfunktion $f_i(t_1)$ und damit die erweiterte Formzahl bekannt, so könnten die zeitveränderlichen Übertragungskräfte nach dem Versuchslastverfahren ermittelt werden.

Die Zeitfunktion $f_i(t_1)$ wird durch die Zeitfunktion der Belastung, durch die Kriechverformung der Bögen unter der Belastung und durch die zu ermittelnden Zeitfunktionen der Übertragungskräfte beeinflusst. Eine exakte Lösung ist daher nur durch Aufstellung der Bedingungsgleichungen [11] für jeden Schnittpunkt des Bogenkragträgersystems möglich. Differenzieren wir diese Bedingungsgleichungen zur Beseitigung der bestimmten Integrale, so entsteht ein System gekoppelter Differentialgleichungen, deren Lösung für die Praxis - besonders für eine mehrschnittige Sperrenberechnung - zu zeitraubend wäre. Eine Näherungslösung ist daher schon wegen der vielen, oft willkürlichen Annahmen, wie die Felsdeformation, oder wegen unberücksichtigter Einflüsse, wie Eigenspannungen, Schwinden, Quellen anzustreben.

Im Wesentlichen hängt die G r ö s s e jeder Übertragungskraft von der Verschiebung jenes belasteten Bogens ab, an den sie angreift. Erst in zweiter Linie wird sie von allen übrigen belasteten Bögen und letzten Endes vom unterschiedlichen Kriechen des Bogens und Kragträgers infolge der Übertragungskräfte selbst beeinflusst. Das Gleiche gilt von den Z e i t f u n k t i o n e n der Übertragungskräfte. Vernachlässigen wir den sekundären Einfluss des Kriechens infolge der Übertragungskräfte, so folgen diese den Zeitfunktionen der Belastungszahlen. Da von der gesuchten Zeitfunktion die Randbedingungen $f_i(t_o) = 0$, $f_i(t) = 1$ festliegen, besteht der Fehler dieser Vernachlässigung in der geringen Änderung der Kriechverformung, die durch eine Verschiebung der Entstehungszeitpunkte eines kleinen Teiles des Kräftezuwachses verursacht werden. Sie ist von untergeordneter Bedeutung. Mit den beschriebenen Vernachlässigungen sind die erweiterten Formzahlen und in Folge die Übertragungskräfte ohne Lösung des Differentialgleichungssystems bestimmbar, jedoch müssen vorher die Zeitfunktionen der Bogenverschiebungen bei den verschiedenen Lastfällen (Belastungszahlen) und die plastischen Formzahlen ermittelt werden.

3. Die Zeitfunktionen.

3.1 Das Kriechen und die E-Moduländerung.

Als K r i e c h f u n k t i o n verwenden wir die von Dischinger [12,13] vorgeschlagene e-Funktion.

$$\varphi_{t'} = m \cdot (1 - e^{-nt'}) \qquad 3)$$

worin m der mit E_o multiplizierte Endkriechwert für eine Betonspannung von 1 kg/cm² ist. (E_o hat nur die Bedeutung eines Maßstabes)

Der Exponentialkoeffizient n hängt vom gewählten Zeitmaßstab ab. Mit $t' = 1$ für 10 Monate und $n = 1$ ist $\varphi_{t'}$ nach einem Jahr 0,7, was den Ergebnissen der bekannten Kriechversuche, mit einer Kriechschonzeit von 28 Tagen gut entspricht.[15][16]

Wir legen allen weiteren Erörterungen diese Kriechkurve, mit einer Kriechschonzeit von 28 Tagen, zu Grunde. Tritt die Belastung in einem beliebigen Zeitpunkt t'_o ein, so folgt nach dem Withney'schen Gesetz[12] das Kriechen vom Zeitpunkt t'_o beginnend der gewählten Zeitfunktion.

Die Funktion der E-Moduländerung wird mit

$$\frac{1}{E_{t'_o}} = \frac{1}{E_o} \cdot (1 - \psi_{t'_o}) \qquad 4)$$

abweichend von der sonst üblichen Darstellung[12] gewählt, weil diese Form eine einfachere Berechnung der Kragträgerverformung erlaubt. In Gl. 4) ist

$$\psi_{t'_o} = \psi'_e (1 - e^{-t'_o}) \qquad 5)$$

mit

$$\psi'_e = 1 - \frac{E_o}{E_{t'_\infty}} \qquad 6)$$

Die Gesamtformänderung des Betons im Zeitpunkt t' beträgt

$$\delta^{t'}_{t'_o} = \delta^{E_o} (1 - \psi_{t'_o} + \varphi_{t'} - \varphi_{t'_o}) \qquad 7)$$

wenn die Belastung im Zeitpunkt t'_o erfolgt, wobei der Verformungsmodul nach der Funktion

$$V_{t'} = \frac{E_o}{1 - \psi_{t'_o} + \varphi_{t'} - \varphi_{t'_o}} \qquad 8)$$

ermittelt werden kann.

Beachten wir den im Abschnitt 1 gewählten Koordinatennullpunkt der (für alle Höhen gleichen) Zeit t, so ist mit der Beziehung $t' = t + t_1$

$$\varphi_{t'} = m(1 - e^{-t_i} \cdot e^{-t})$$
$$\varphi_{t'_o} = m(1 - e^{-t_i} \cdot e^{-t_o})$$
$$\psi_{t'_o} = \psi_e (1 - e^{-t_i} \cdot e^{-t_o}) \qquad 9)$$

3.2 Die Wasserlast.

Über den zeitlichen Verlauf der Höhe des Stauspiegels könnenwir keine allgemeinen Angaben machen, da er individuell beeinflusst wird. Wie bereits erwähnt, ist der Vollstau für den max. Kriecheinfluss bei Wasserlast maßgebend.

3.3 Die gleichmäßige Temperaturänderung des Sperrenbetons.[3,7,17,18]

Bei Einbeziehung der zeitveränderlichen Verformbarkeit des Betons ist, ausser den auftretenden Temperaturdifferenzen, auch der funktionelle Verlauf des Temperaturvorganges zu berücksichtigen. Die Aufstellung allgemein gültiger Zeitfunktionen kann wegen der Verschiedenartigkeit der jahreszeitlichen Temperaturschwankungen und des Verlaufes der Abbinde- und Übertemperatur nur getrennt erfolgen. Die Übertemperatur ist die Differenz von Einbringtemperatur des frischen Betons, und jahreszeitlich bedingter, mittlerer Betontemperatur zum gleichen Zeitpunkt.

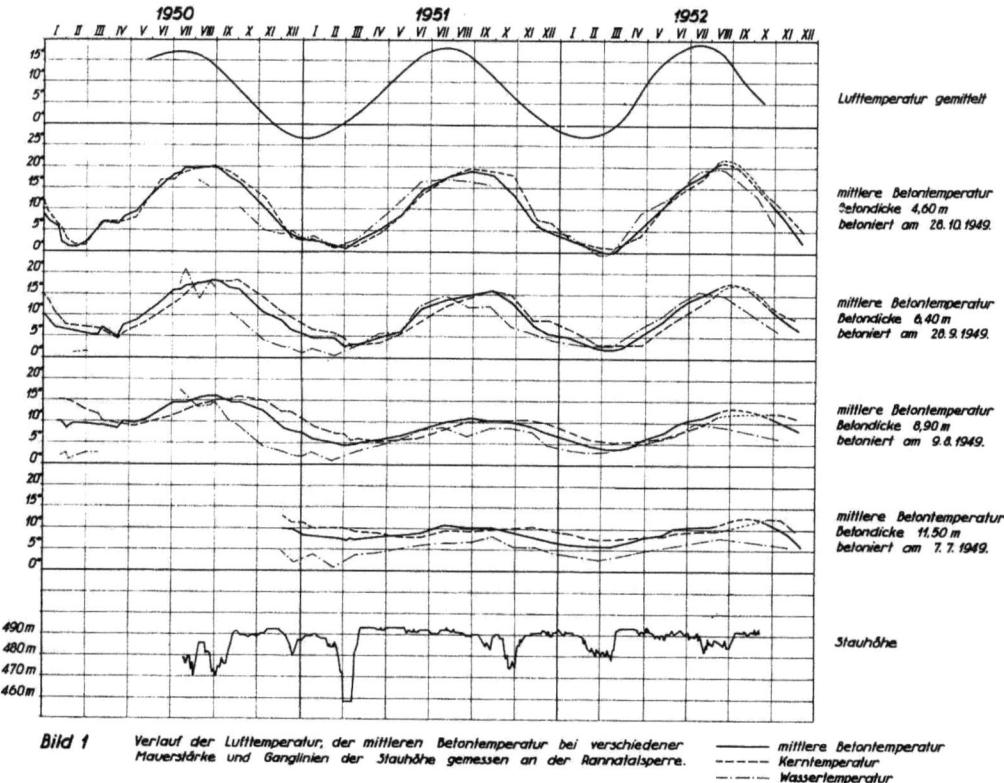

Bild 1 Verlauf der Lufttemperatur, der mittleren Betontemperatur bei verschiedener Mauerstärke und Ganglinien der Stauhöhe gemessen an der Rannatalsperre.
———— mittlere Betontemperatur
– – – – Kerntemperatur
—·—·— Wassertemperatur

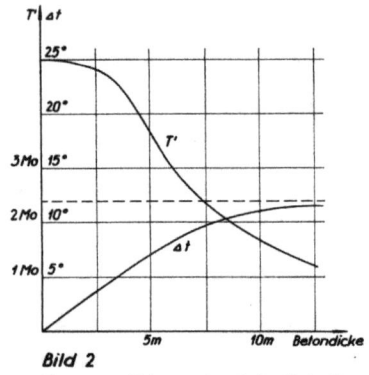

Bild 2
Phasenverschiebung Δt und Amplitude T'
des jahreszeitlichen Verlaufes der gemittelten Betontemperaturen verschiedener Horizonte der Rannatalsperre, Krone 493 m ü.A., max. Lufttemperaturdifferenz -7° + 18° = 25°C.

3.31 Die jahreszeitlich bedingte Temperaturänderung des Betons folgt der Sinusfunktion, wobei mit zunehmender Dicke der Betonplatten eine Phasenverschiebung und eine Dämpfung der Amplitude eintritt. Für die Temperaturbewegungen eines Bogens ist, unter der Annahme des Ebenbleibens ebener Querschnitte, die gemittelte Temperatur des zugehörigen horizontalen Temperaturprofils massgebend. Nach Bild 1 und 2 *) [19] ist die Phasenverschiebung Δt der gemittelten Betontemperatur wesentlich kleiner, als die der Kerntemperatur und verläuft asymptotisch gegen die 2,4 Monate begrenzende Linie. Somit weisen die Zeitfunktionen der Temperaturen der einzelnen Bögen, von t_o bis t betrachtet, nur kleine Unterschiede auf.

Die Temperatur im Zeitpunkt t beträgt

$$T_t = T' \sin [C_2 (t - t_{T=0})] \qquad 10)$$

wobei T' die Amplitude der Sinuslinie, $C_2 = \frac{2\pi}{C_1}$, C_1 die Zeitangabe für 1 Jahr im gewählten Zeitmaßstab und $t_T = 0$ der Zeitabstand des Wendepunktes der ansteigenden Sinuslinie vom Zeitnullpunkt sind.

3.32 Das Abklingen der Abbinde- und Übertemperatur.

Der Temperaturanstieg infolge des chemischen Abbindeprozesses des Betons kann unberücksichtigt bleiben, da sein Maximum im Zeitpunkt des Fugenschlusses überschritten ist und auftretende Zwangsspannungen wegen der grossen plastischen Verformbarkeit des frischen Betons zu keiner bedeutenden Formänderung des Gesamtbauwerkes führen. Dagegen verkürzen sich die Bögen beim Abklingen der Temperaturen, was durch das Füllen der sich zwischen den Blöcken öffnenden Fugen nach bekannten Verfahren ausgeglichen werden soll[20,21]. Erfolgt der Fugenschluss während des Temperaturvorganges oder unterbleibt er überhaupt, so entstehen

---

*) Die Oberösterr. Kraftwerke A.G. stellte freundlicher Weise dem Verfasser die an der Ranna erhaltenen Beobachtungsdaten zur Verfügung.

nach der Aktivierung des Gewölbes infolge einer primären Belastung, wie die Wasserlast oder die jahreszeitlichen Temperaturänderungen, durch das weitere Abklingen der Temperaturen bedeutende Formänderungen und Spannungen.

Bei der Einbeziehung des Kriechens müssen wir das Abklingen der Temperaturen bis zur Gewölbeaktivierung und ab dieser unterscheiden. Im ersten Fall erfolgt die Belastung des Gewölbes infolge der Abbindetemperatur im Zeitpunkt des Auftretens der primären Last plötzlich. Es sind daher die Elastizitätsverhältnisse dieses Zeitpunktes maßgebend. Nach der Aktivierung des Gewölbes erfolgt die Belastung allmählich, entsprechend der Temperaturzeitfunktion, wodurch jeder Belastungszuwachs bei unterschiedlichen elastischen Verhältnissen und unterschiedlicher Kriechschonzeit vor sich geht.

Bei der Entwicklung der Zeitfunktionen führt die Heranziehung theoretischer Untersuchungen über den Temperaturverlauf im Massenbeton schneller zum Ziel, als die Auswertung der reichlich vorhandenen, aber infolge der Temperaturüberlagerungen und Nebeneinflüsse nur schwer zu analysierenden Beobachtungen, die aber als Randbedingungen (max. Temperaturdifferenz, Endzeitpunkt des Temperaturvorganges) verwendet werden. Nach den Untersuchungen von Hirschfeld[22] hängt die Temperaturzeitfunktion von der Betondicke und der Wärmeleitzahl, aber nicht von der max. Abbindetemperatur ab. In dem für unsere Überlegungen maßgebenden Zeitabschnitt folgen Abbinde- und Übertemperatur annähernd gleichen Zeitfunktionen, sodass beide Temperaturvorgänge zusammengefasst und mit genügender Genauigkeit durch die Zeitfunktion

$$T_t = T_a (1 - e^{-nt_i} \cdot e^{-nt}) \qquad 11)$$

ausgedrückt werden können.

Der Exponentialkoeffizient n ist von der Betondicke abhängig und dem Bild 3 zu entnehmen, wobei der bei der Kriechfunktion festgelegte Zeitmaßstab, $t = 1,0$ für 10 Monate, und der gleiche Zeitnullpunkt zu Grunde liegen müssen. T_a ist die Summe der 28 Tage nach der Betonierung vorhandenen Abbinde- und Übertemperatur und ist dem Bilde 3 mit Hilfe der Beziehung $T_a = \alpha_A \cdot T_{ab} + \alpha_{\ddot{U}} \cdot T_{\ddot{u}b}$ zu entnehmen oder aus Erfahrungswerten zu bestimmen. T_{ab} ist die maximale Abbindetemperatur bei einer bestimmten Plattendicke. $T_{\ddot{u}b}$ die Übertemperatur am Tage der Betonierung.

Alle Temperaturangaben des Bildes 3 sind Mittelwerte des Temperaturprofils durch den Plattenquerschnitt.

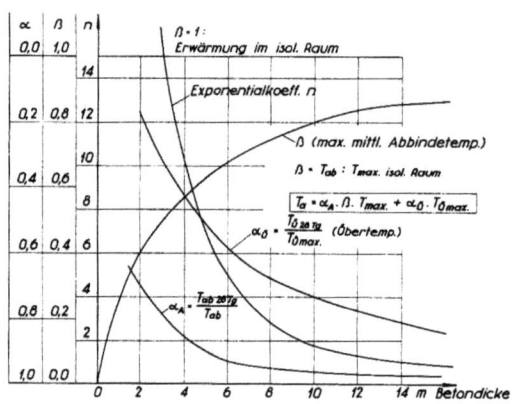

Bild 3
Bestimmung des Exponentialkoeffizienten n, der maximalen Abbindetemperatur T_{ab}, sowie der Abbinde - und Übertemperatur zum Zeitpunkt t'=0, auf Grund der Temperaturlinien von Hirschfeld.[11] Die teilweise Wärmeisolierung durch Holzschalungen wurde annähernd für mittlere Schalungsfristen berücksichtigt.

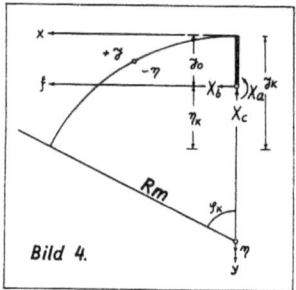

Bild 4.

4. Die Kräfte im Bogen.

4.1 Wasserlast.

4.1 1 Starre Widerlager

Greifen die statisch unbekannten Schnittkräfte des Bogens im elastischen Schwerpunkt[23] an, so enthält jede der drei Bedingungsgleichungen nur eine statische Unbekannte. Bei symmetrischem Angriff wird ausserdem $X_c = 0$. Beziehen wir das Kriechen und die Elastizitätsänderung ein, so lauten die Verformungsgleichungen, wenn durch Anordnung einer im Scheitel angreifenden Normalkraft

$$R_m \cdot p' = R_m \cdot p \cdot (1 + \frac{\lambda}{2}), \qquad 12)$$

(p = Wasserdruck, $\lambda = \frac{d}{R_m}$, R_m = mittlerer Bogenradius) auch $X_a = 0$ wird:

$$\delta_{bb} \cdot [X_b \cdot (1 - \psi_{t'_o} + \varphi_{t'} - \varphi_{t'_o}) + \int_{t'_1 = t'_o}^{t'_1 = t'} \frac{dX_{bt}}{dt'_1} \cdot (1 - \psi_{t'_1} + \varphi_{t'} - \varphi_{t'_1}) \, dt'_1] =$$

$$= \delta_{bo} \cdot (1 - \psi_{t'_o} + \varphi_{t'} - \varphi_{t'_o}) \qquad 13)$$

Da die plastischen Formänderungen infolge der Übertragungskraft und der Last proportional verlaufen, ist $X_{bt} = 0$, d.h. das Kriechen bewirkt bei äusseren Lasten keine Änderung der inneren Kräfte.[12]

4.12 Bei elastischen Widerlagern.

Da die inneren Kräfte bei starren Widerlagern unverändert bleiben und die Änderung dieser Kräfte durch die Widerlagernachgiebigkeit gering ist, erweist sich bei Einbeziehung des Kriechens eine getrennte Kräfteermittlung als zweckmässig. Der Bogen wird durch die Verformung der Widerlager infolge der Kämpferkräfte M_K, N_K, Q_K, die durch eine äussere Last bei starren Widerlagern entstehen, in Spannung versetzt. Dadurch werden bei elastischem Verhalten des Betons die Belastungszahlen δ_{ao}, δ_{bo} und die im elastischen Schwerpunkt angreifenden Kräfte $_wX_a$, $_wX_b$ hervorgerufen, welche als Differenz der Gesamtkräfte mit und ohne Widerlagernachgiebigkeit ermittelt werden können. Zu beachten ist der in beiden Fällen unterschiedliche Scheitelabstand des elastischen Schwerpunktes y_o, wodurch ausser $_wX_b$ noch $_wX_a$ auftritt.

$$_wX_b = X_{b\mu} - X_b, \quad _wX_a = X_b \cdot (y_{o\mu} - y_o) \quad 14)$$

$X_{b\mu}$ ist die bei elastischen, X_b die bei starren Widerlagern ermittelte Kraft. Analog hiezu $y_{o\mu}$ und y_o.

Bei Einbeziehung des Kriechens lauten nun die Verformungsgleichungen

$$\delta_{aa}^{\mu} \cdot [X_a \cdot (1 - \nu_a \psi_{t_o'} + \nu_a \varphi_{t'} - \nu_a \varphi_{t_o'}) + \int_{t_1' = t_o'}^{t_1' = t'} \frac{dX_{at_1}}{dt_1'} (1 - \nu_a \psi_{t_1'} + \nu_a \varphi_{t'} - \nu_a \varphi_{t_1'}) dt_1'] = \delta_{ao}$$

$$\delta_{bb}^{\mu} \cdot [X_b \cdot (1 - \nu_b \psi_{t_o'} + \nu_b \varphi_{t'} - \nu_b \varphi_{t_o'}) + \int_{t_1' = t_o'}^{t_1' = t'} \frac{dX_{bt_1}}{dt_1'} (1 - \nu_b \psi_{t_1'} + \nu \varphi_{t'} - \nu \varphi_{t_1'}) dt_1'] = \delta_{bo} \quad 15)$$

wobei die Formzahlen bei Widerlagernachgiebigkeit δ_{aa}^{μ}, δ_{bb}^{μ} in einen betonelastischen Teil und einen felselastischen Teil zerlegt werden können. Da das Kriechen nur den betonelastischen Teil beeinflusst, wurde dies in der Gl. 15 durch Einführung von

$$\nu_a = \frac{\dfrac{12 A_1'}{E_o \lambda^3 R_m^2}}{\delta_{aa}^{\mu}}$$

$$\nu_b = \frac{\dfrac{1}{E_o \lambda^3} [12 B_{31}' - \dfrac{2y_o}{R_m} B_1' + \dfrac{y_o^2}{R_m^2} A_1') + \lambda^2 B_{3II}']}{\delta_{bb}^{\mu}} \quad 16)$$

berücksichtigt. Der Zähler der Gl. 16 ist der betonelastische Teil der Formzahl. A'_1, B'_1, B'_{3I}, B'_{3II} sind die bekannten Kurzbezeichnungen der amerikanischen Fachliteratur.[2][23]

Die Lage des elastischen Schwerpunktes

$$y_{ot} = \frac{12 B'_1 + \frac{y_K}{R_m} \lambda \mu_{t'} k_1}{12 A'_1 + \lambda \mu_{t'} k_1} R_m \qquad 17)$$

wobei

$$\mu_{t'} = \frac{V_{t'}}{E_F} \qquad 18)$$

ist durch die Änderung des Verformungsmoduls des Betons gegenüber der gleichbleibenden Felselastizität von der Zeit abhängig und bewirkt daher eine Zeitabhängigkeit von δ^μ_{aa}, δ^μ_{bb}, ν_a und ν_b, sodass die Verformungsgleichung nicht ohne Weiteres lösbar ist. Die Verlagerung der Schnittkräfte in den Bogenscheitel bringt keine Vorteile, da die Koppelung der beiden Differentialgleichungen nur bei Annahme einer einmaligen, bleibenden Widerlagerverschiebung vermieden werden kann. Dies hätte aber auch eine konstante Lage des elastischen Schwerpunktes zur Folge.

Die Vernachlässigung der sekundären Widerlagerbewegung wäre durchaus tragbar, vielleicht auch richtiger, als die Annahme vollkommen elastischer Widerlager; doch müsste bei den Temperaturbewegungen die Widerlagerauswirkung gesondert gerechnet werden. Wird dagegen die Lageänderung des elastischen Schwerpunktes vernachlässigt, so ist der Fehler bei den oberen, schlanken Lamellen sehr gering. Die unteren Lamellen weisen stets ein so grosses Betonalter auf, dass der Kriecheinfluss und damit die Lagenänderung des elastischen Schwerpunktes gering sind und vernachlässigt werden können.

Werden die Gl. 15 nach t differentiert, so ergeben sich zwei unabhängige Differentialgleichungen, durch deren Lösung wir die gesuchten zeitveränderlichen Übertragungskräfte erhalten.

$$^x_w X_{at} = -_w X_a \left[1 - \frac{e^{\nu_a \varphi_{t'_o}} (1 + \frac{1}{2} \nu_a \psi_{t'_o} + \frac{1}{3} \nu_a^2 \psi^2_{t'_1})}{e^{\nu_a \varphi_{t'}} (1 + \frac{1}{2} \nu_a \psi_{t'} + \frac{1}{3} \nu_a^2 \psi_{t'})} \right] \qquad 19)$$

Die Summe der zeitveränderlichen Übertragungskräfte und der im Zeitpunkt t_o herrschender Kraft $_w X_a$ bezw. $_w X_b$ ergibt die Gesamtkraft zum

Zeitpunkt t:

$$_wX_{at} = {_wX_a} \frac{e^{\nu_a\varphi_{t_o'}(1+\frac{1}{2}\nu_a\psi_{t_o'}+\frac{1}{3}\nu_a^2\psi_{t_o'}^2)}}{e^{\nu_a\varphi_{t'}(1+\frac{1}{2}\nu_a\psi_{t'}+\frac{1}{3}\nu_a^2\psi_{t'}^2)}} \quad 20)$$

$$_wX_{bt} = {_wX_b} \frac{e^{\nu\varphi_{t_o'}(1+\frac{1}{2}\nu_b\psi_{t_o'}+\frac{1}{3}\nu_b^2\psi_{t_o'}^2)}}{e^{\nu\varphi_{t'}(1+\frac{1}{2}\nu_b\psi_{t'}+\frac{1}{3}\nu_b^2\psi_{t'}^2)}} \quad 21)$$

4.2 Die K r ä f t e i m B o g e n b e i g l e i c h m ä s s i g e r T e m p e r a t u r ä n d e r u n g.

4.21 Der Temperaturverlauf folge der e - Funktion $T_{t'} = T_a(1-e^{-nt'})$.

Unter der Voraussetzung des Beginnes der Temperaturbewegung im Zeitpunkt t_o' lauten die Verformungsgleichungen

$$\delta_{aa}^\mu \cdot \int_{t_1'=t_o'}^{t_1'=t'} \frac{dX_{at_1}}{dt_1'} \cdot (1 - \nu_a\psi_{t_1'} + \nu_a\varphi_{t'} - \nu_a\varphi_{t_1'}) \, dt_1' = 0 \quad 22)$$

$$\delta_{bb}^\mu \cdot \int_{t_1'=t_o'}^{t_1'=t'} \frac{dX_{bt_1}}{dt_1'} \cdot (1 - \nu_a\psi_{t_1'} + \nu_a\varphi_{t'} - \nu_a\varphi_{t_1'}) \, dt_1' =$$
$$= -\alpha_T \sin\varphi_K R_m (1-e^{-nt'}) T_a \quad 23)$$

wobei ㉓ $\quad _{T_a}X_b = -\frac{\alpha_T \sin\varphi_K R_m T_a}{\delta_{bb}^\mu} \quad 24)$

und $X_b = X_{bt_o} = 0$ ist. Gl. 22 ist erfüllt, wenn $X_{at} = 0$, während bei Vernachlässigung der Lagenänderung des elastischen Schwerpunktes und Differentierung der Gl.23 nach t' die Differentialgleichung

$$\frac{dX_{bt}}{dt'} + X_{bt} \, \nu_b \, \frac{d\varphi_{t'}}{dt'} \, \frac{1}{1-\psi_{t'}\nu_b} + {_{T_a}X_b} \, \frac{de^{-nt'}}{dt'} \, \frac{1}{1-\psi_{t'}\nu_b} = 0 \quad 25)$$

entsteht, deren Lösung mit der Randbedingung
$X_{bt} = 0$, wenn $t' = t_o'$

$$X_{bt} = {_{T_a}X_b} \cdot n \cdot e^{-\nu_b\varphi_{t'}(1+\frac{1}{2}\nu_b\psi_{t'}+\frac{1}{3}\nu_b^2\psi_{t'}^2)} \int_{t_o'}^{t'} e^{-nt'+\varphi_{t'}\nu_b(1+\frac{1}{2}\nu_b\psi_{t'}+\frac{1}{3}\nu_b^2\psi_{t'}^2)} \, dt' \quad 26)$$

die gesuchte Übertragungskraft X_{bt} ergibt.

Die Lösung des Integrals erfolgt am zweckmässigsten nummerisch, etwa nach der Simpson'schen Regel. Für den Fall n = 1, ist die Übertragungskraft

$$X_{bt} = {_{T_a}X_b} \frac{1}{\nu_b \cdot m} [1 - \frac{e^{\nu_b\varphi_{t_o'}(1+\frac{1}{2}\nu_b\psi_{t_o'}+\frac{1}{3}\nu_b^2\psi_{t_o'}^2)}}{e^{\nu_b\varphi_{t'}(1+\frac{1}{2}\nu_b\psi_{t'}+\frac{1}{3}\nu_b^2\psi_{t'}^2)}}] \quad 27)$$

auch algebraisch in einfacher Form zu bestimmen.

4.22 Die Temperatur folge der Sinusfunktion
$$T_t = T' \cdot \sin[C_2(t - t_{T=0})]$$

Die Lösung der Verformungsgleichung lautet in Anlehnung an Gl.25

$$X_{bt} = {}_{T'}X_b \cdot C_2 \cdot e^{-\nu_b \varphi_t(1+\frac{1}{2}\nu_b \psi_t)} \int_{t_0}^{t} \cos[C_2(t-t_{T=0})] \cdot e^{\nu_b \varphi_t(1+\frac{1}{2}\nu_b \varphi_t)} dt \qquad 28)$$

Im Potenzexponenten wurde das quadratische Glied vernachlässigt.
Der Fehler wird Null, wenn anstelle von ψ_e', ψ_e $\frac{E_{t\infty}}{E_0}-1$ gesetzt wird.
${}_{T'}X_b$ ist die Schnittkraft des Bogens infolge der Amplitude der Temperatursinusfunktion

$${}_{T'}X_b = -\frac{T'\alpha_T \sin\varphi_K \cdot R_m}{\delta_{bb}} \qquad 29)$$

4.3 Die Längenänderung des Bogens erfolge plötzlich

Tritt eine plötzliche Längenänderung des Bogens ein, wie dies beim Vorspannen eines Gewölbes oder beim Auftreten primärer Lasten bei geöffneten Fugen vorkommt, so entsteht im Zeitpunkt t_o die statisch unbestimmte Schnittkraft X_b. Das Kriechen ermässigt diese Kraft bis zum Zeitpunkt t, um die zeitveränderliche Übertragungskraft

$${}^xX_{bt} = -X_b \left(1 - \frac{e^{\nu_b \varphi_{t_o'}(1+\frac{1}{2}\nu_b \psi_{t_o'})}}{e^{\nu_b \varphi_{t'}(1+\frac{1}{2}\nu_b \psi_{t'})}}\right) \qquad 30)$$

wobei die Gesamtkraft in diesem Zeitpunkt

$$X_{bt} = {}^xX_{bt} + X_b = X_b \cdot \frac{e^{\nu_b \varphi_{t_o'}(1+\frac{1}{2}\nu_b \psi_{t_o'})}}{e^{\nu_b \varphi_{t'}(1+\frac{1}{2}\nu_b \psi_{t'})}} \qquad 31)$$

ist.

5. Die Verformung des Bogens.

5.1 Die zeitveränderlichen Belastungszahlen infolge innerer Zwangspannungen.

Die elastische, radiale Verformung des Bogenscheitels beträgt bei plötzlich auftretenden Zwangspannungen und starren Widerlagern

$$\delta_i = T_{t_o} \cdot \alpha_T \cdot R_m B_1' + X_b \frac{1}{E_0 \lambda^3} \left[12(B_{2I}' - y_o \frac{C_1}{R_m}) + \lambda^2 B_{2II}'\right] \qquad 32)$$

wenn die Schnittkräfte im elastischen Schwerpunkt angreifen und T_{t_o} jene Temperaturänderung ist, die die plötzliche Längenänderung ersetzt.
Die zeitveränderliche Gesamtverformung

$$\delta_{i_o t'}^{t'=t'} = \int_{t_1'=t_o'}^{t_1'=t'} \frac{dX_{bt}}{dt'} (1 - \psi_{t_1'} + \varphi_{t'} - \varphi_{t_1'}) dt' \cdot \delta_{iX_b} = 1 + T_{t_o} \cdot \alpha_T \cdot R_m \cdot C_1' \qquad 33)$$

ist die Summe aller Teilverformungen, die durch die Kraftänderung

$$\frac{dX_{bt}}{dt_1'} \cdot dt_1'$$

im Zeitintervall t_1' bis t' entstehen. Wird vorerst die E-Moduländerung nicht berücksichtigt, so ist $X_{bt} = X_b \cdot \dfrac{e^{\varphi_{t_o'}}}{e^{\varphi_{t'}}}$

und
$$\delta_i^{t_o^t} = \delta_{X_{b=1}} \cdot [X_{bt} + \varphi_{t_o'} X_{bt} - \varphi_{t'} X_{bt} - X_{bt} + K] + \alpha_T \cdot T_{t_o} \cdot R_m C_1' \qquad 34)$$

mit der Randbedingung dass im Zeitpunkt t_o'
$$K = X_b$$
und $\delta_i^{t_1't_o} = \delta_i \dots\dots 35)$ wird. $\qquad$ 35)

Nachdem der E-Modul bekanntlich keinen Einfluss auf die Formänderungen des Bogen bei inneren Spannungen hat, gilt für den starr eingespannten Bogen: <u>Das Kriechen und die Elastizitätsänderung beeinflussen wohl die Spannungen, aber nicht die Verformungen.</u>

Berücksichtigen wir die <u>Widerlagerelastizität</u> so ist bei elastischem Verhalten des Betons die radiale Scheitelbewegung [23]

$$\delta_i = \delta_{io} + X_b (\delta_{iX_{b=1}} + w\delta_{iX_{b=1}}) =$$
$$= T_{t_o} \cdot \alpha_T \cdot R_m \cdot C_1' + X_b \cdot \{\dfrac{1}{E_o \lambda^3} \cdot [12(B_{2I}' - \dfrac{y_o}{R_m} \cdot C_1') + \lambda^2 B_{2II}'] + \qquad 36)$$
$$+ [\eta_K \cdot \varepsilon_{aa} \cdot R_m \sin\varphi_K - (\varepsilon_{bb} - \varepsilon_{cc}) \sin\varphi_K \cos\varphi_K]\}$$

Berücksichtigen wir auch das Kriechen, so ist dennoch der sich nur auf den Betonbogen beziehende und unter dem bestimmten Integral stehende Teil der Verformungsgleichung

$$\delta_i^{t_o^t} = \delta_{X_{b=1}} \cdot \int_{t_1'=t_o'}^{t_1'=t'} \dfrac{dX_{bt}}{dt'} (1 + \nu_b \varphi_{t'} - \nu_b \varphi_{t_1'}) dt_1' + X_{bt} \cdot w\delta_{X_{b=1}} + \alpha_T \cdot T_{t_o} \cdot R_m \cdot C_1' \qquad 37)$$

wie bei Gl. 34, unabhängig vom Kriechen.

Dagegen ist das zweite Glied der Gl. 36, das die Scheitelbewegung des Bogens infolge der durch die statisch unbestimmte Kraft X_{bt} verursachten Widerlagerverformung ausdrückt, davon abhängig. Vernachlässigen wir dies, so ist die Bogenverformung auch bei Widerlagerelastizität unabhängig vom Kriechen und der E-Modulsänderung. Der entstehende Fehler hängt hauptsächlich vom Anteil der Widerlagerelastizität an der gesamten Scheitelbewegung ab. Er beträgt daher in den oberen Lamellen der Sperre nur wenige Prozente, kann aber in den unteren, dicken Lamellen über 10% steigen. Bei den oberen Lamellen, wo das Kriechen überwiegt, tritt durch diese Vernachlässigung eine Vergrösserung, bei den unteren Lamellen, wo der Elastizitätsunterschied gegenüber E_o überwiegt, eine Verkleinerung der Scheitelbewegung ein.

Wir müssen daher die Kriechabhängigkeit der Bogenverformung infolge der Widerlagerelastizität bei der Ermittlung der Belastungszahlen unter ungünstigen Verhältnissen berücksichtigen, können sie aber bei der Bestimmung der Zeitfunktion der Belastungszahl vernachlässigen.

5.11 Folgt der Temperaturverlauf der e-Funktion, so lauten die Belastungszahlen, wenn $t' = t + t_i$ gesetzt wird.

$$\delta_{io}^t = e^{nt_i}(e^{-nt_o}- e^{-nt}) \cdot \{_T{}_aX_b \frac{1}{E_o \lambda^3}[(B'_{2I} - \frac{y_o}{R_m}C'_1)12 + \lambda^2 B'_{2II}] +$$

$$+ \alpha_T \cdot T_a \cdot R_m \cdot C'_1\} + {}_TX_{bt} \cdot [\eta_K \cdot \varepsilon_{aa} \cdot R_m \cdot \sin\varphi_K - (\varepsilon_{bb} - \varepsilon_{cc})\sin\varphi_K \cos\varphi_K] =$$

$$\hspace{10cm} 38)$$

$$= e^{-nt_i} \cdot (e^{-nt_o} - e^{-nt}) \cdot \{_T{}_aX_b \cdot \delta_{iX_b=1} + \delta_{io}\} + {}_TX_{bt} \cdot {}^w\delta_{iX_b=1}$$

Vernachlässigen wir die sekundäre Widerlagerbewegung, so tritt das letzte Glied der Gl. 38 in die geschlungene Klammer; ausserdem muss X_{bt} durch $_{T_a}X_b$ ersetzt werden. Die Zeitfunktion der Belastungszahl lautet dann:

$$f(t_1) = \frac{e^{-nt_o} - e^{-nt_1}}{e^{-nt_o} - e^{-nt}} \hspace{2cm} 39)$$

wobei für $t_1 = t$, $f(t_1) = 1$ und für $t = t_o$, $f(t_o) = 0$ ist.

5.12 Die Belastungszahlen der jahreszeitlichen Temperaturänderungen sind:

$$\delta_{io}^t = \{\sin[C_2(t - t_{T=0})] - \sin[C_2(t_o - t_{T=0})]\} \cdot {}_TX_b \cdot \delta_{iX_b=1} + \delta_{io}\} + {}_TX_{bt} \cdot {}^w\delta_{iX_b=1} \hspace{0.5cm} 40)$$

Bei analoger Vernachlässigung wie bei Ziffer 5.11 folgt die Bogenverformung der Zeitfunktion:

$$f(t_1) = \frac{\sin[C_2(t_1 - t_{T=0})] - \sin[C_2(t_o - t_{T=0})]}{\sin[C_2(t - t_{T=0})] - \sin[C_2(t_o - t_{T=0})]} \hspace{1cm} 41)$$

5.13 Wird der Bogen durch eine plötzliche Längenänderung beansprucht, so lautet die Belastungszahl

$$\delta_{io}^t = \delta_o^t + {}_T^xX_{bt} \cdot {}^w\delta_{iX_b=1} = X_b(\frac{e^{\varphi_{t'} \cdot \nu_b \cdot (1 + \frac{1}{2}\nu_b \psi_{t'})}}{e^{\varphi_{t'} \cdot \nu_b \cdot (1 + \frac{1}{2}\nu_b \psi_{t'})}} - 1) \cdot {}^w\delta_{iX_b=1} \hspace{0.5cm} 42)$$

wobei bei Vernachlässigung der sekundären Widerlagerbewegung keine plastischen Formänderungen eintreten.

Allgemein gilt, dass die Bogenverformungen annähernd der Zeitfunktion der Temperaturänderung folgen.

5.2 Die zeitveränderlichen Formzahlen des Bogens.
(Verformung unter der radialen Gleichlast $X_i = 1$).

5.21 Bei starren Widerlagern.

Da die Spannungen in diesem Fall nicht geändert werden, erhalten wir die radiale Verschiebung des Bogenscheitels

$$\delta_{i_o}^{t_o t} = \delta_i \cdot (1 - \psi_{t,t'} + \varphi_{t,t'} - \varphi_{t,t_o}) \qquad 44)$$

durch Einführung des Verformungsmoduls.

5.22 Bei elastischen Widerlagern kann die Verformung des Bogens infolge einer äusseren Last in 4 Komponenten aufgegliedert werden, die vom Kriechen folgendermassen beeinflusst werden: Die Verformung des Bogens bei starren Widerlagern folgt der Gl.44, ist also abhängig vom Kriechen.

Bei starren Widerlagern treten zeitunabhängige Kämpferkräfte auf, die im Fall der Widerlagerelastizität am statisch bestimmten Grundsystem zeitunabhängige Verformungen verursachen.

Die Verdrehung, bezw. Verschiebung der Widerlager durch diese Kräfte verursacht eine Änderung der inneren Kräfte, wobei die dadurch eintretenden Bogenverformungen nach den Überlegungen der Ziff.5.1 zeitunabhängig sind.

Die Änderung der inneren Kräfte selbst ist jedoch zeitabhängig und bewirkt infolge der von ihr hervorgerufenen sekundären Widerlagerbewegung eine zeitabhängige Verformung.

Vernachlässigen wir die völlig unbedeutende, sekundäre Widerlagerbewegung, so ist die <u>zeitveränderliche Formzahl des Bogenpunktes</u> infolge einer im Punkt k angreifenden Übertragungskraft $X_{k t_1} = 1$

$$\delta_{ik}^{t_1 t} = \delta_{ik}^{E} \cdot [1 - \psi_{t,t_1} + e^{-t_1} \cdot (-\psi_{t,t_1} + \varphi_{t,t_1} - \varphi_{t,t_o})] + \delta_{ik}^{W} \qquad 45)$$

wobei die Zwangsspannungen infolge der Widerlagerelastizität keine Kriechbewegungen hervorrufen.

5.3 Die zeitveränderliche Belastungszahl des Bogens bei Wasserlast.

Tritt zum Zeitpunkt t_o der Wasserdruck $p'_i = p_i(1 + \frac{\lambda}{2})$ auf, so ist die radiale Verformung des Bogenscheitels

$$\delta_{i_o}^{t} = \{\delta_i[1-\psi_{t_i} + e^{-t_i}\cdot(-\psi_{t_o} + \varphi_t - \varphi_{t_o})] + {}_w\delta_i\}(-p'_i) = [\delta_{i_o}^{t} + \delta_i \cdot e^{-t_i}\cdot(\varphi_t - \varphi_{t_o})](-p'_i) \quad 46)$$

Gleichzeitig verursachen die im Zeitpunkt t_o vorhandenen Übertragungskräfte X_{it_o} am Bogen die radiale Verschiebung

$$^B\delta_{ii}^{t_o t} = \{^B\delta_{ii}^{t_o} + {}^B\delta_{ii}\cdot e^{-t_i}\cdot(\varphi_t - \varphi_{t_o})\}X_{it_o} \quad 47)$$

und, nach den Erörterungen des nächsten Abschnittes, am Kragträger die gleichgerichtete Verformung

$$^K\delta_{ii}^{t_o t} = \{^K\delta_{ii}^{t_o} + {}^K\delta'_{ii}\cdot(\varphi_t - \varphi_{t_o})\}X_{it_o} \quad 48)$$

Bei einem System mit mehreren Bögen und Kragträgern verursacht jede Übertragungskraft eine der Gl. 47 bzw. 48 analoge Verschiebung des Bogen- bzw. Kragträgerpunktes i. Die zeitveränderliche Belastungszahl der Wasserlast entsteht durch die unterschiedliche, plastische Verschiebung des Bogen- und Kragträgerpunktes i infolge der äusseren Last und aller Übertragungskräfte. Sie ist also die Summe der Gl. 46, 47, 48, worin die Summe der elastischen Verformungen im Zeitpunkt t_o gleich Null ist, da in diesem Zeitpunkt das Bogenkragträgersystem geschlossen war. Somit lauten die zeitveränderlichen Belastungszahlen:

Höhe a) $\delta_a^{t_o t} = (\varphi_t - \varphi_{t_o})\cdot\{+ X_{at_o}\cdot {}^K\delta'_{aa} + X_{bt_o}\cdot {}^K\delta'_{ab} + X_{ct_o}\cdot {}^K\delta'_{ac} + \ldots +$
$\qquad\qquad\qquad\qquad + (-p'_a + X_{at_o})\cdot {}^B\delta_{a_o}\cdot e^{-t_a}\}$ 49)

Höhe b) $\delta_b^{t_o t} = (\varphi_t - \varphi_{t_o})\cdot\{+ X_{at_o}\cdot {}^K\delta'_{ba} + X_{bt_o}\cdot {}^K\delta'_{bb} + X_{ct_o}\cdot {}^K\delta'_{bc} -$
$\qquad\qquad\qquad\qquad -\ldots\ldots(-p'_b + X_{bt_o})\cdot {}^B\delta_{b_o}\cdot e^{-t_b}\}$ 50)

Die Zeitfunktionen der Belastungszahlen

$$\zeta(t_1) = \frac{\varphi_{t_1} - \varphi_{t_o}}{\varphi_t - \varphi_{t_o}} \quad 51)$$

sind für alle Bogen- u. Kragträger identisch und daher unabhängig von deren Abmessung.

6. Die Verformung des Kragträgers.

Gegenüber den Bögen, die homogen angenommen werden, ist der Beton des Kragträgers verschieden alt.

Berücksichtigen wir die unterschiedliche Verformbarkeit der einzelnen Schichten, so sind im Bereich des Punktes i

$$\frac{d^2y}{dx^2} = \frac{1}{\rho} \frac{M_{ik}}{V_t \cdot J_i} = \frac{M_{ik}}{E_o J_i} \cdot [1 - \psi'_e + e^{-ti}(\varphi_t - \varphi_{t_1} - \psi_{t_1} + \psi'_e)] \qquad 52)$$

$$\frac{dy}{dx} = \frac{3 Q_{ik}}{V_t J_i} = \frac{3 Q_{ik}}{E_o J_i} \cdot [1 - \psi'_e + e^{-ti}(\varphi_t - \varphi_{t_1} - \psi_{t_1} + \psi'_e)] \qquad 53)$$

die Verdrehung und Verschiebung des betrachteten Kragträgerelementes infolge der Momente und Querkräfte.

Wir teilen den Kragträger in n gleich hohe Schichten und bezeichnen diese, von der Krone mit 0 beginnend, fortlaufend mit Ziffer a bis n (Sohle). Die elastische, horizontale Verschiebung des Kragträgerpunktes i infolge der in k angreifenden Kraft $X_k = 1$, für die Elastizität $\frac{1}{E_o}$, können wir nach der Formel

$$\kappa \delta_{ik}^{t_o} = \frac{\Delta h^2}{E_o} [\frac{M_{ik}}{4 J_i} + \frac{M_{i+1,k}}{J_{i+1}} + \frac{2 M_{i+2,k}}{J_{i+2}} + \ldots + \frac{(n-i-1) M_{n-1,k}}{J_{n-1}}] +$$
$$+ \frac{\Delta h}{E_o} [\frac{3 Q_{i,k}}{2 J_i} + \frac{3 Q_{i+1,k}}{J_{i+1}} + \frac{3 Q_{i+2,k}}{J_{i+2}} + \ldots + \frac{3 Q_{n,k}}{2 J_n}] \qquad 54)$$

berechnen. Diese Verschiebungen werden noch durch die Felselastizität vergrössert

$$\kappa \delta_{ik}' = \frac{\Delta h^2}{E_o} [\frac{M_{ik} \cdot e^{-ti}}{4 J_i} + \frac{M_{i+1,k} \cdot e^{-t_{i+1}}}{J_{i+1}} + \ldots] + \frac{\Delta h}{E_o} [\frac{3 Q_{ik}}{2 J_i} + \frac{3 Q_{i+1,k}}{J_{i+1}} + \ldots] \qquad 55)$$

Werden mit ε_{aa} und ε_{cc} die Bewegungen der Felssohle unter dem Moment 1 bzw. der Querkraft 1 bezeichnet, ersetzen wir ferner den E_o-Modul durch den Verformungsmodul, wie dies in Gl. 52 und 53 durchgeführt wurde, und führen wir schliesslich die Abkürzung $\kappa \delta_{ik}^W = \varepsilon_{aa} \cdot M_n \cdot (n-1) \cdot \Delta h + \varepsilon_{cc} \cdot Q_n$ 56)

ein, so ist

$$\kappa \delta_{ik}^{t_1 t} = \kappa \delta_{ik}^W + \kappa \delta_{ik}^{E_o} \cdot (1 - \psi'_e) + \kappa \delta_{ik}' \cdot (\varphi_t - \varphi_{t_1} - \psi_{t_1} + \psi'_e) =$$
$$= \kappa \delta_{ik}^{t=0} + \kappa \delta_{ik}' \cdot (\varphi_t - \varphi_{t_1} - \psi_{t_1}) = \kappa \delta_{ik}^{t_1} + \kappa \delta_{ik}' (\varphi_t - \varphi_{t_1}) \qquad 57)$$

die horizontale Gesamtverschiebung des Kragträgerpunktes i, und somit die gesuchte <u>zeitveränderliche Formzahl</u> des Kragträgers im Zeitpunkt t wenn die Last $X_{k t_1} = 1$ im Zeitpunkt t_1 und in der Höhe k angreift.

7. Die erweiterten Formzahlen.

Mit den Gl. 38 - 43, 49 und 51 sind für die ausschlaggebenden Belastungen die zeitveränderlichen Belastungszahlen und ihre Zeitfunktionen, mit

Gl. 45 und 57 die zeitveränderlichen Formzahlen bekannt, sodass die Ermittlung der erweiterten Formzahlen nach Gl. 2 erfolgen kann.

7.1 Die erweiterten Formzahlen bei Wasserlast.

Da die Zeitfunktionen der Belastungszahlen für jeden Bogen gleich sind, wird jede Übertragungskraft nur durch <u>eine</u> Zeitfunktion beeinflusst.

Für den <u>Kragträgerpunkt</u> a ist infolge einer im gleichen Punkt angreifenden unbekannten Übertragungskraft X_{at} die erweiterte Formzahl

$$K\mathcal{J}_{aa}^{t_o t} = \frac{1}{\varphi_t - \varphi_{t_o}} \int_{t_1=t_o}^{t_1=t} \frac{\varphi_{t_1} - \varphi_{t_o}}{dt_1} \cdot [\,K\delta_{aa}^{t=0} + K\delta_{aa}' \cdot (\varphi_t - \varphi_{t_1} - \psi_{t_1})\,]\, dt_1 =$$

$$= K\delta_{aa}^{t=0} + K\delta_{aa}' \cdot [\,\varphi_t - \frac{1 + \psi_e'}{2}(\varphi_t + \varphi_{t_o})\,] \qquad 58)$$

wobei zur Abkürzung

$$K\delta_{aa}^{t=0} = K\delta_{aa}^{E_o} \cdot (1 + \psi_e') + K\delta_{aa}^{W} + K\delta_{aa}' \cdot \psi_e' \qquad 59)$$

gesetzt wurde.

Für alle Formzahlen ist die in der eckigen Klammer stehende Zeitfunktion gleich.

Für den Bogen folgt die erweiterte Formzahl ebenfalls der gleichen Zeitfunktion und lautet

$$B\mathcal{J}_{aa}^{t_o t} = \frac{1}{\varphi_t - \varphi_{t_o}} \int_{t_1=t_o}^{t_1=t} \frac{d(\varphi_{t_1} - \varphi_{t_o})}{dt_1} \cdot \{\,B\delta_{aa}^{t_o} \cdot [\,1 - \psi_{t_a} + e^{-t_a} \cdot (\varphi_t - \varphi_{t_1} - \psi_{t_1})\,] +$$

$$+ B\delta_{aa}^{W}\}\, dt_1 = B\delta_{aa}^{t=0} + B\delta_{aa}^{E_o} \cdot e^{-t_a} \cdot [\,\varphi_t - \frac{1 + \psi_e'}{2}(\varphi_t + \varphi_{t_o})\,] \qquad 60)$$

wobei

$$B\delta_{aa}^{t=0} = B\delta_{aa}^{E_o}(1 - \psi_{t_a}) + B\delta_{aa}^{W} \qquad 61)$$

gesetzt wurde.

7.2 Bei <u>plötzlichen Temperaturänderungen</u> (Längenänderung des Bogens)

sind die erweiterten Formzahlen gleich jenen bei Wasserlast, da die Belastungszahlen gleichen Zeitfunktionen folgen.

7.3 Die erweiterten Formzahlen beim Abklingen der Abbindetemperatur.

Die Zeitfunktionen der Belastungszahlen, nach denen sich die einzelnen

Bogen verformen, sind in diesem Fall ungleich, da der Exponentialkoeffizient n der Gl. 39 eine Funktion der Betondicke ist.

Die in Ziffer 5. ermittelte Belastungszahl jedes Bogens hat auf jede Übertragungskraft und somit auf jede erweiterte Formzahl einen von der gegenseitigen Lage abhängigen Einfluss (Gewicht). Ausschlaggebend für die Zeitfunktionen der Übertragungskräfte und damit der dazugehörigen erweiterten Formzahlen ist die zeitveränderliche Belastungszahl jenes Bogenpunktes, in dem die Übertragungskraft angreift, wenn diese Belastungzzahl nicht Null oder sehr klein im Verhältnis zu den anderen Belastungszahlen ist. Näherungsweise, aber meist mit genügender Genauigkeit braucht für die Bestimmung der erweiterten Formzahlen bei Temperaturbewegungen nur die Zeitfunktion der jeweils zugehörigen Belastungszahl verwendet werden.

Die erweiterten Formzahlen lauten somit für den Kragträger:

$$K\vartheta^{t_o t}_{\alpha\alpha} = \frac{1}{e^{-n_\alpha t_o} - e^{-n_\alpha t}} \cdot \int_{t_1 = t_o}^{t_1 = t} \frac{d(e^{-n_\alpha t_o} - e^{-n_\alpha t_1})}{dt_1} \times$$

$$\times [K\delta^{t=0}_{\alpha\alpha} + K\delta'_{\alpha\alpha} \cdot (\varphi_t - \varphi_{t_1} - \psi_{t_1})] \cdot dt_1 =$$

$$= K\delta^{t=0}_{\alpha\alpha} + K\delta'_{\alpha\alpha}\{\varphi_t - (m + \psi'_e) + \frac{e^{-(n_\alpha+1)t_o} - e^{-(n_\alpha+1)t}}{e^{-n_\alpha t_o} - e^{-n_\alpha t}} \cdot \frac{(m + \psi'_e) \cdot n_\alpha}{n_\alpha + 1}\} \quad 62)$$

und für den Bogen

$$B\vartheta^{t_o t}_{\alpha\alpha} = B\delta^{t=0}_{\alpha\alpha} + B\delta^{E_o}_{\alpha\alpha} \cdot e^{-t_\alpha} \cdot \{\varphi_t - \ldots\ldots\} \quad 63)$$

analog

$$B\vartheta^{t_o t}_{bb}, K\vartheta^{t_o t}_{bb} \text{ usw.}$$

7.4 Die erweiterten Formzahlen bei der jahreszeitlichen Temperaturänderung.

Auch hier braucht man meist nur die Zeitfunktionen der zugehörigen Belastungszahl heranzuziehen.

Führen wir die Kurzbezeichnungen $\sin[C_2(t_1 - t_{T=0})] = s_t$

$\cos[C_2(t_1 - t_{T=0})] = c_t$

analog s_t c_t s_{t_o} c_{t_o} ein, so lauten die erweiterten Formzahlen für den Kragträger

$$K\delta_{\alpha\alpha}^{t_o t} = K\delta_{\alpha\alpha}^{t=0} + K\delta_{\alpha\alpha}' \{\varphi_t - (1+\psi_e') \cdot m \cdot [1 - \frac{C_2}{(1+C_2^2)(s_t - s_{t_o})} \times$$
$$\times [(C_2 s_t - c_t)e^{-t} - (C_2 s_{t_o} - c_{t_o})e^{-t_o}]]\} \qquad 64)$$

und für den Bogen

$$B\delta_{\alpha\alpha}^{t_o t} = B\delta_{\alpha\alpha}^{t=0} + B\delta_{\alpha\alpha}' \{\varphi_t - \ldots\} \qquad 65)$$

wobei der Ausdruck in der geschlungenen Klammer bis auf die unterschiedliche Zeit $t_T = 0$ für alle Formzahlen gleich ist.

7.5 Die Ermittlung der Gewichte zur genaueren Bestimmung der erweiterten Formzahlen bei Temperaturbewegungen.

Der Fehler, der durch die Vernachlässigung in der Ziff. 7.3 und 7.4 bei der Ermittlung der erweiterten Formzahlen entsteht, betrug bei der Durchrechnung des Beispiels "Rannatalsperre" für beide Temperaturbewegungen - bei einzelnen erweiterten Formzahlen - bis zu 5 %.

Er ist zu vermeiden, wenn die Zeitfunktionen aller Belastungszahlen zur Bestimmung jeder erweiterten Formzahl verwendet werden, wobei nach den Ausführungen der Ziff. 7,3 jeder Zeitfunktion ein bestimmtes Gewicht zugeordnet werden muss. Die Summe der Gewichte muss 1 ergeben, damit die Summe der Endwerte der Zeitfunktionen ebenfalls 1 ist.

Die Übertragungskräfte zum Zeitpunkt t_o ermitteln wir aus den Elastizitätsgleichungen mit Hilfe von Determinanten:

$$X_a = \frac{D_a}{D} \quad X_b = \frac{D_b}{D} \quad X_c = \frac{D_c}{D} \quad \text{usw.} \qquad 66)$$

Gliedern wir die Zähler-Determinanten in ihre Unterdeterminanten auf, so ist beim System mit einem Kragträger

$$D_a = B_a \begin{vmatrix} \Sigma^{BK}\delta_{bb}^{t_o} & K\delta_{bc}^{t_o} & K\delta_{bd}^{t_o} & \cdots \\ K\delta_{cb}^{t_o} & \Sigma^{BK}\delta_{cc}^{t_o} & K\delta_{cd}^{t_o} & \cdots \\ K\delta_{db}^{t_o} & K\delta_{dc}^{t_o} & \Sigma^{BK}\delta_{dd}^{t_o} & \cdots \\ \vdots & \vdots & \vdots & \end{vmatrix} - B_b \begin{vmatrix} \Sigma^{BK}\delta_{aa}^{t_o} & K\delta_{ac}^{t_o} & K\delta_{ad}^{t_o} & \cdots \\ K\delta_{ca}^{t_o} & \Sigma^{KB}\delta_{cc}^{t_o} & K\delta_{cd}^{t_o} & \cdots \\ K\delta_{da}^{t_o} & K\delta_{dc}^{t_o} & \Sigma^{BK}\delta_{dd}^{t_o} & \cdots \\ \vdots & \vdots & \vdots & \end{vmatrix} + \cdots \qquad 67)$$

analog D_b, D_c, usw. Hiebei bedeutet $\Sigma^{BK}\delta_{bb}^{t_o} = {}^B\delta_{bb}^{t_o} + {}^K\delta_{bb}^{t_o}$ usw.

B_a B_b usw. sind die Belastungszahlen für die während der Temperaturbewegung erreichte max. Temperaturdifferenz. Diese sind für das Kriechen und damit für die "Gewichte" massgebend.

Die Unterdeterminanten der Gl.67 sind die gesuchten "Gewichte" der Zeitfunktionen in Bezug auf die zugehörige Übertragungskraft. Werden sie durch die Summe ihrer absoluten Werte dividiert, so erreicht man, dass die Summe der Quotienten das Gewicht 1 ergibt.

Für das Abklingen der Abbindetemperatur lauten dann die erweiterten Formzahlen des Kragträgers

$$K\mathcal{J}_{aa}^{t_0 t} = K\delta_{aa}^{t=0} + K\delta_{aa}' \cdot [f_a(t,n_a)\frac{D_{aa}}{D_a} + f_b(t,n_b)\frac{D_{ab}}{D_a} + f_c(t,n_c)\frac{D_{ac}}{D_a} + \ldots]$$

$$K\mathcal{J}_{ab}^{t_0 t} = K\delta_{ab}^{t=0} + K\delta_{ab}' \cdot [f_a(t,n_a)\frac{D_{ba}}{D_b} + f_b(t,n_b)\frac{D_{bb}}{D_b} + f_c(t,n_c)\frac{D_{bc}}{D_b} + \ldots] \text{ usw.} \quad 68)$$

wenn die in der geschlungenen Klammer der Gl. 62 stehende Zeitfunktion mit $f_a(t,n_a)$ und für die weiteren Bogenlamellen mit $f_b(t,n_b)$ usw. bezeichnet wird.

D_{aa}, D_{ab} usw. sind die Summanden der Gl. 67. Der 1. Zeiger gibt die Übertragungskraft, der 2. Zeiger die Belastungszahl an.

Die in der geschl.Klammer der Gl.62 stehende Zeitfunktion ist für alle erweiterten Formzahlen, die von der gleichen Belastungszahl beeinflusst werden (z.B. $K\mathcal{J}_{aa}$ $K\mathcal{J}_{ba}$ $K\mathcal{J}_{ca}$ .. $B\mathcal{J}_{aa}$ $B\mathcal{J}_{ba}$ .. u.s.f.) gleich, sodass ohne weiteres die erweiterten Formzahlen aller Schnittpunkte aufgeschrieben werden können.

Meist wird aber die Genauigkeit der nach Gl. 62 bis 65 ermittelten erweiterten Formzahlen genügen.

8. Die Ermittlung der Übertragungskräfte und der Spannungen.

Mit der Kenntnis der erweiterten Formzahlen können wir nach dem Versuchslastverfahren die zeitveränderlichen Übertragungskräfte und sodann die Kragträgerspannungen ermitteln. Zur Berechnung der Bogenspannungen sind zunächst die zeitveränderlichen Schnittkräfte des Bogens infolge der Belastungen und der Übertragungskräfte des Bogenkragträgersystems nach Abschnitt 4 zu ermitteln.

Vorher muss die Berechnung der Form- und Belastungszahlen des Bogens und des Kragträgers mit dem E-Modul E_o erfolgen [23], wobei die bekannten Dreiecks- und Gleichlasten [2] zu verwenden sind. Es ist zweckmässig, den Widerlagereinfluss auf die Verformungen getrennt zu ermitteln, sodass die Verschiebungen zur Zeit t_o durch die Beziehungen

$$\delta_{ik}^{t_o} = {}^B\delta_{ik}^{E_o}(1-\psi_{t_i+t_o}) + \delta_{ik}^W = {}^B\delta_{ik}^{t=0} + \delta^{E_o} e^{-t_i}(-\psi_{t_o})$$

für den Bogen und

$$^K\delta_{ik}^{t_o} = {}^K\delta_{ik} + {}^K\delta_{ik}'(-\psi_{t_o})$$

für den Kragträger entsprechend der Gl.57 gegeben sind.

Die numerische Berechnung der <u>Verschiebungen</u> einzelner Gewölbepunkte erfolgt für die von Null ansteigenden Belastungen (Temperaturen) mit Hilfe der erweiterten Form- und Belastungszahlen.

Bei der Ermittlung der Verschiebung durch die im Zeitpunkt t_o vorhandenen Lasten ist die elastische Verformung im selben Zeitpunkt, die Kriechverformung sowohl infolge X_{it_o}, als auch infolge der Belastungen und die Verformung durch die Änderung der Übertragungskraft X_{it} zu unterscheiden. Die Berechnung der Verschiebung infolge X_{it} erfolgt wieder mit Hilfe der erweiterten Formzahl, während jene der Kriechverformung infolge X_{it_o} und der Belastung p nach der Gl.

$$^B\delta_{i\;\text{kriech}}^{t_o t} = {}^B\delta_i'(\varphi_t - \varphi_{t_o}) \cdot (-p + X_{it_o})$$

erfolgen kann. Sie ist der Anteil des Bogens an der zeitveränderlichen Belastungszahl.

9. Hinweise, Folgerungen und Zusammenfassung.

Zur Herleitung allgemeiner Folgerungen wurde mit dem vorliegenden Verfahren der Kriecheinfluss auf die Spannung und Verformung der bereits seit 1950 eingestauten Rannatalsperre*) nachgerechnet, um Vergleiche ziehen zu können. Das Betonalter, die Belastung und die Elastizitätsverhältnisse des Bauwerkes wurden - den tatsächlichen Verhältnissen annähernd entsprechend - in die Vergleichsrechnung eingeführt, die Kriechwerte dagegen den bekannten Literaturangaben entnommen. Als Vergleichswert zu $E_o =$ = 200.000 kg/cm² wurde m = 1, bei einer Kriechschonzeit von 28 Tagen, gewählt.

Die Felselastizität der Widerlager wurde bei dem etwas klüftigen Gneisgranit gleich der Betonelastizität nach 28 Tagen, die der Sohle 1/3 geringer angenommen.

Die Betonierung der 45 m hohen Sperre erfolgte zum Grossteil im Jahre 1949, mit Ausnahme des Kronenbogens und zweier zurückgelassener Blöcke, die bis Ende Mai 1950 betoniert waren. Der Fugenschluss des Gewölbes bis Kote 483 erfolgte im Frühjahr 1950, während die durch die sommerliche Erwärmung der unteren Lamellen etwas geöffneten Fugen der oberen Lamellen am 1.7.1950 ausgepresst wurden. Die oberen Lamellen waren zu diesem Zeitpunkt somit geschlossen, aber spannungslos. Nach Absenken des Gelegenheitsspeichers wurden alle Pressfugen der Sperre im März 1951 nochmals injiziert. Der obere Teil des Gewölbes über Kote 483 wurde zur Vermeidung ausserordentlicher Spannungen schon vorher - im Dezember 1950 - ausgepresst, allerdings bei geringer Absenkung, was aber zur Vereinfachung der dieser Arbeit beigegebenen Bilder rechnerisch nicht erfasst wurde.

Die Auswirkung des am 1.7.51 im unteren Sperrenteil herrschenden Spannungszustandes wurde getrennt von dem jahreszeitlichen Temperaturvorgang behandelt, um ein analoges Beispiel für ein künstlich vorgespanntes Gewölbe zu erhalten. Die Kräfteermittlung des einschnittig gewählten, symmetrischen Bogenkragträgersystems erfolgte nur durch den Radialausgleich. Auf die Art der Bestimmung des mittleren Betonalters der Bögen wurde bereits verwiesen.

---

*) Die Oberösterr. Kraftwerke A.G. stellte in zuvorkommender Weise alle Unterlagen zur Verfügung.

Die Rechenergebnisse und Vergleiche sind in den untenstehenden Bildern graphisch dargestellt, wobei festgestellt werden kann:

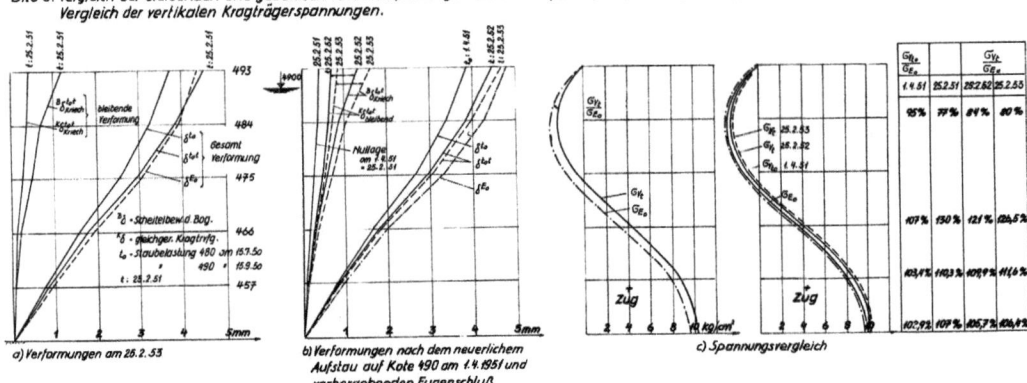

Bild 5. Vergleich der bleibenden und gesamten radial.Verformungen des Mittelquerschnittes der Rannatalsperre bei Wasserbelastung und Vergleich der vertikalen Kragträgerspannungen.

a) Verformungen am 26.2.53
b) Verformungen nach dem neuerlichem Aufstau auf Kote 490 am 1.4.1951 und vorhergehenden Fugenschluß.
c) Spannungsvergleich

Bei der <u>Wasserlast</u> (Bild 5) tritt durch das stärkere Kriechen der oberen Bögen gegenüber dem Kragträger eine Kräfteumlagerung ein, die, durch die unterschiedlichen Elastizitätsverhältnisse verstärkt, zu einer Zunahme der Kragträger-und Abnahme der Bogenspannungen führt. Entlasten wir das statische System, so klaffen Bogen und Kragträger infolge der bleibenden Formänderung zunehmend mit der Belastungsdauer und dem Altersunterschied der oberen und unteren Bauwerksteile.

Besteht im Sperrengewölbe ein <u>innerer Spannungszustand</u>, so bewirkt das Kriechen eine Abnahme der Bogen- und der Kragträgerspannungen, wobei, wie Bild 6 zeigt, eine kaum merkbare Verformung infolge der Entlastung durch die elastischen Widerlager eintritt. Praktisch bringt die Entspannung

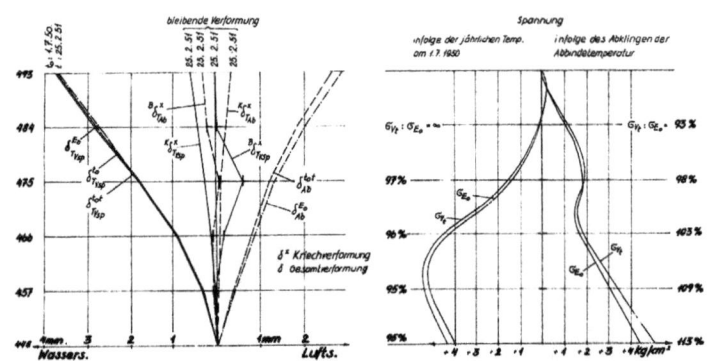

Bild 6. Verformungen des Mittelquerschnittes infolge des Abkl. d. Abbindetemp.und der Vorspannung des Gewölbes am 1.7.1950 und Vergleiche der vertikalen Kragträger-Spannungen.

aber nur Nachteile, denn dadurch wird die Wirkung der künstlichen Gewölbevorspannung zur Abminderung der max. Winterspannungen zum Teil aufgehoben.

Bei Temperaturbewegungen wird die stets eintretende Entlastung infolge des Kriechens durch die Verkleinerung der Elastizität mehr als aufgehoben, sodass, nach Bild 6 u. 7, die Kragträgerspannungen grösser sind als bei einer Berechnung mit dem konstanten E-Modul E_o.

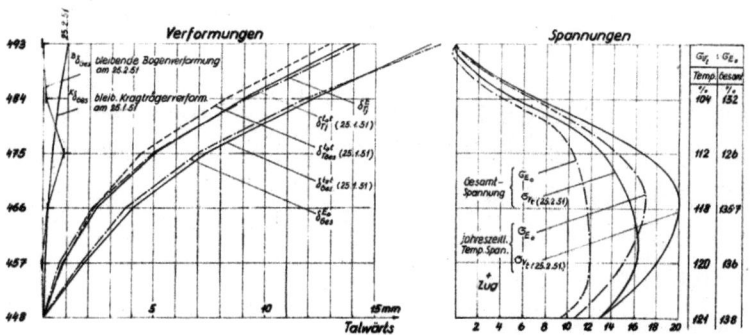

Bild 7. Vergleich der radialen Verformungen des Mittelquerschnittes und der vertikalen wasserseitigen Spannungen des Kragträgers infolge Gesamtlast (einschl. Eigengewicht) der Gesamttemperaturlast und der jahreszeitlichen Temperaturlast.

Der Erfolg des Fugenschlusses bei tiefen Temperaturen wird durch das Kriechen abgemindert, da durch den Temperaturanstieg im Sommer der Kragträger seewärts, die Bogen talwärts plastisch verformt werden, was wohl die max. Sommerspannungen mindert, dafür aber im Winter zusätzliche Kragträgerspannungen hervorruft. So ist die bedeutende Zunahme der Gesamtspannungen (Bild 8) vom 1.4.51 bis zum 25.2.52 bzw. 25.2.53 weni-

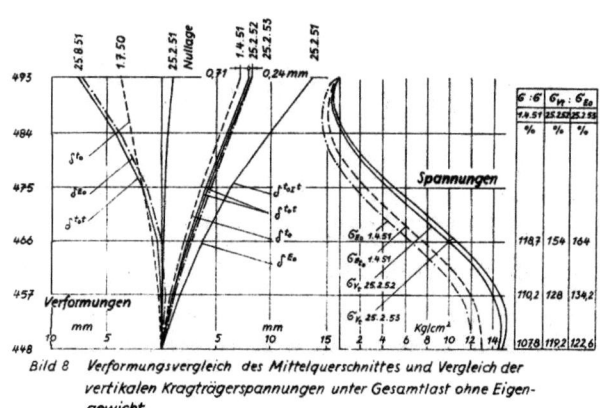

Bild 8 Verformungsvergleich des Mittelquerschnittes und Vergleich der vertikalen Kragträgerspannungen unter Gesamtlast ohne Eigengewicht.

ger auf das Kriechen infolge Wasserlast, als auf den jahreszeitlichen Temperaturgang zurückzuführen. Ergänzend zeigt Bild 9 das mit der Zeit zunehmende Aufklaffen von Bogen und Kragträger durch die Belastungen nach dem April 51. Es beträgt am 25.2.52 am Scheitel der Krone 1,68 mm, 1 Jahr später 2,14 mm, während nach Bild 7 an der gleichen Stelle vom 1.7.50 bis zum 25.2.51 Bogen und Kragträger sich nur um 1,07 mm durch plastische Formänderungen entfernten.

Eine Wiederholung des Fugenschlusses ist, neben der Auswirkung des Abflusses der restlichen Abbindewärme, auch aus diesem Grunde zu überlegen.

Vergleichen wir die Verformungen des Mittelquerschnittes, wenn wir der Berechnung einerseits den E-Modul E_o, andererseits die zeitveränderliche Verformbarkeit des Betons zugrunde legen, so sind, nach den Bildern 6, 7 und 8, keine merklichen Unterschiede festzustellen. Das Kriechen gleicht die geringere Elastizität des Betons aus.

Berücksichtigen wir bei der Verformung durch die Wasserlast die Elastizitätsänderung des Betons, so treten beim Vergleich mit den plastischen Verformungen nach Bild 5 bedeutende Unterschiede auf, doch sind diese, besonders wegen des Abklingens der Abbindetemperatur, am Bauwerk schwer zu beobachten. Ist aber die Abbindetemperatur abgeklungen, so sind die Kriechverformungen klein und wiederum schwer nachweisbar.

Bei der Auswertung der Beobachtungen an der Rannatalsperre *) konnte ein talwärtiges Wandern des Scheitels der Sperrenkrone vom 25.2.51 bis zum 25.2.53 um durchschnittlich 1,2 mm/Jahr festgestellt werden, was mit den für den gleichen Zeitraum gerechneten Werten von 0,71 mm im ersten Jahr und 0,24 mm im zweiten Jahr nur zum Teil vergleichbar ist. Ein Vergleich der gerechneten und mit dem Pendellot gemessenen Wanderung der spannungslosen Lage (Nullage) des Kragträgers kann nur annähernd gemacht werden, da die Pendelmessungen erst nach der Gewölbeaktivierung begannen.

Beim Absenken des Staues im Frühjahr 1951 konnte jedenfalls eine bleibende Formänderung des obersten Kragträgerpunktes von 1½ - 2½ mm beobachtet werden, der ein gerechneter Wert von 1,07 mm gegenübersteht.

---

*) A.W. Reitz, R. Kremser und E. Prokop: Die Beobachtungen an der Rannatalsperre und ihre Auswertungen 1950/52, Heft 3 dieser Schriftenreihe.

Die beobachteten Werte sind also wesentlich grösser als die gerechneten. Ob bleibende Felsdeformationen Anteil daran haben, konnte mangels Einrichtung nicht nachgewiesen werden.

Nach dem Fugenschluss im März 1951 trat, wie Bild 9 zeigt, eine gegenläufige Bewegung der Nullage des Kragträgers ein, die durch den jahreszeitlichen Temperaturanstieg verursacht wurde. Die Wasserlast allein verursacht dagegen eine weitere talwärtige relative Nullagenverschiebung, deren Grösse am 25.2.52 0,3 mm, am 25.2.53 0,45 mm betrug. (Bild 9).

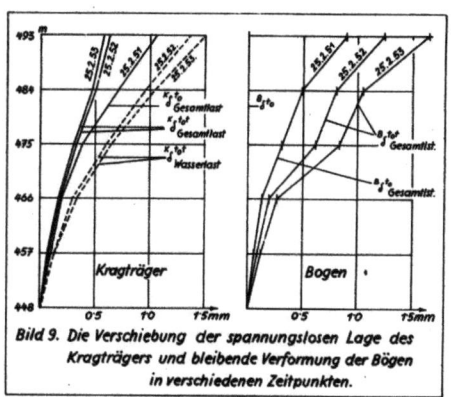

Bild 9. Die Verschiebung der spannungslosen Lage des Kragträgers und bleibende Verformung der Bögen in verschiedenen Zeitpunkten.

Zusammenfassend können wir feststellen, dass die Elastizitätsänderung in allen Fällen, das Kriechen in den meisten Fällen eine Umlagerung der Kräfte vom Bogen zum Kragträger herbeiführt, wodurch die vertikalen Zugspannungen im Kragträger durchwegs zunehmen. Die Grösse dieser Zunahme hängt vom Altersunterschied des Betons der oberen und unteren Bauwerksteile, sowie vom Belastungszeitpunkt ab. Ein unmittelbarer Aufstau nach der Betonierung sollte daher vermieden werden. Muss der Stau erfolgen, so ist die ungünstige Auswirkung auf die Kragträgerspannung zu berechnen und durch entsprechende Massnahmen auszugleichen.

Über die Grösse der Spannungsänderungen geben die einzelnen Bilder gewisse Anhaltspunkte.

Entgegen den erheblichen Spannungsänderungen treten beim Vergleich der Verformungen keine grösseren Unterschiede ein, weshalb beobachtete Kronenbewegungen, abgesehen von den kaum zu trennenden Nebeneinflüssen, keinen Rückschluss auf die Spannungsumlagerungen zulassen.

Eine Vergrösserung der Bogenbelastung tritt nur mit der Abnahme der Elastizität infolge von Temperaturänderungen und im Falle des Abreissens mehrerer Blöcke des Gewölbes ein.

Bei sehr flachen Bögen ist deren Knicksicherheit zu beachten, doch liegt ihre Ermittlung ausserhalb des dieser Arbeit gesteckten Zieles.

Berichtigungen:

Seite 6 Gl. 2 Die Indices k und i sind zu vertauschen

" 13 Gl. 16 statt $[12 B'_{3I} \ldots \ldots A'_1] + \lambda^2 B'_{3II}$

richtig $[12 (B'_{3I} \ldots \ldots A'_1) + \lambda^2 B'_{3II}]$

" 15 Gl. 23 statt ν_a richtig ν_b

" 16 " 32 statt B'_1 richtig C'_1 und statt C_1 richtig C'_1

" 33 statt $\ldots \delta_{ix_b} = 1 + \ldots$

richtig $\ldots \delta_{ix_b = 1} + \ldots$

" 17 " 34 statt $+ \varphi_{t_0} X_{bt}$ richtig $+ \varphi_t \cdot X_{bt}$

" 35 statt $\delta^t_{i \, 1 \, t_0}$ richtig $\delta^t_{i \, 0 \, t}$

" 18 " 40 richtig $\{ \ldots -t_{T=0})] \} \{_T \cdot X_b \ldots \}$

" 21 " 56 statt $(n-1)$ richtig $(n-i)$

" 10 Bld. 2 statt T' richtig $2T'$

" 31 Bld. 9 rechtes Diagramm, linke Verformungslinie;

statt 25. 2. 51   richtig 25. 2. 52.

$^B\delta^{t_0}$ $^B\delta^{t_0 t}$

Gesamtlast   Wasserlast

Literatur-Verzeichnis.

1) Goriupp K.   Die Berechnung der Gewölbemauer am Hierzmann nach dem Versuchslastverfahren.
Österr. Bauzeitschrift 1950/IX.

2) Jurecka W.   Die Berechnung bogenförmiger Staumauern nach dem Lastaufteilungsverfahren.
Österr. Bauzeitschrift 1949/XI, XII.

3) Schweizerische Talsperrenkommission, Messungen, Beobachtungen, Versuche an schweizerischen Talsperren 1919-1945.
Bern 1946.

4) Vogt F.   2. Weltkraftkonferenz Berlin 1930.
Band IX/159

5) Honigmann E.   Temperatur-Spannungsrisse im Massenbeton.
Mitteilungen des Österr. Betonvereins 1949/17-20.

6) Hoffmann E.   Untersuchungen über die Spannungen in Gewichtsmauern aus Beton mit Hilfe von Messungen im Bauwerk.
Dissertation Karlsruhe 1933.

7) Tölke Fr.   Talsperren, Staudämme und Staumauern.
Handbibliothek für Ingenieure, Berlin 1939.

8) Press J.   Talsperren.
Berlin 1953.

9) Lieurance R. S.   Designe of Arch Dams.
Prot. Am. Soz. Civ. Eng. 1940.

10) Ritter H.   Die Berechnung an bogenförmigen Staumauern.
Dissertation 1913 Karlsruhe.

11) Flögl H.   Der Einfluss des Kriechens und der Elastizitätsänderung des Betons auf den Spannungszustand von Gewölbesperren, insbesondere bei unvollständigem Fugenschluss.
Dissertation Graz 1952.

12) Dischinger Fr.   Untersuchungen über die Knicksicherheit, die elastische Verformung und das Kriechen des Betons bei Bogenbrücken.
Bauingeneur 1937.

13) Sattler.   Theorie der Verbundkonstruktionen.
Berlin 1953.

14) Davis R. E. u. A. E.   Flow of Concrete under Sustained Loads.
Journ. American Concrete Institute 1937.

15) Hummel A.   Vom Kriechen und Fliessen des erhärteten Betons und deren praktische Bedeutung.
Zement 1935, Heft 50-51.

16) Friedrich E.   Über das Schwinden und Kriechen des Betons.
Österr. Bauzeitschrift 1950/VIII, IX.

17) Contessini F. Temperaturmessungen an der Cignano-Staumauer.
Energie elektr. 1933/2.

18) Musterle Th. Temperaturmessungen in der Staumauer der Saale-Talsperre am kleinen Bleiloch.
Bautechnik 1937.

19) Faehndrich K. Bau der Rannatalsperre.
Österr. Bauzeitschrift 1952/II.

20) Grengg H. u. Lauffer H. Der Gewölbemauernbau in Österreich.
Österr. Bauzeitschrift 1948.

21) Fischer E. u. Grengg H. Die Gewölbemauern Salza und Hierzmann der STEWEAG.
Österr. Bauzeitschrift XI/XII 1951.

22) Hirschfeld K. Temperaturverteilung im Beton.
Springerverlag 1948.

23) Tremmel E. Beiträge zur Gewölbemauernberechnung.
Österr. Wasserwirtschaft 1951/5-6.
Zeitschr. d. Österr. Ing. u. Arch. Vereins 1951/19-22

24) Vogt F. Über die Berechnung der Fundamentdeformationen.
Oslo 1925.

MIX
Papier aus verantwortungsvollen Quellen
Paper from responsible sources
FSC® C105338

If you have any concerns about our products,
you can contact us on
ProductSafety@springernature.com

In case Publisher is established outside the EU,
the EU authorized representative is:
Springer Nature Customer Service Center GmbH
Europaplatz 3, 69115 Heidelberg, Germany

Printed by Libri Plureos GmbH
in Hamburg, Germany